コグトレ計算ドリルの特長

この計算ドリルには，立命館大学教授 宮口幸治先生が考案された**コグトレ**というしくみがプラスされています。これにより計算力を含めた**5つの力**を，同時に高めることができます。

コグトレとは

コグトレとは，「コグニティブエンハンスメントトレーニング」の略称です。日本語にすると，「認知機能強化訓練」となります。この認知機能は，

などを指し，

これらの機能を強化すると，記憶力，注意力，想像力，速く処理する力など学習に必要な基礎力がつきます。認知機能はまさに，算数，国語，理科といった教科学習の土台といえます。ところが，認知機能の強化トレーニングは学校ではしてくれません。

認知機能は学習の土台　なのに…

だから　楽しく

コグトレで，認知機能を強化しましょう！

コグトレの詳しい情報はコチラ

もくじ

小1 コグトレ 計算(けいさん)ドリル

本書に関する最新情報は, 小社ホームページにある**本書の「サポート情報」**をご覧ください。(開設していない場合もございます。)
なお, この本の内容についての責任は小社にあり, 内容に関するご質問は直接小社におよせください。

1 5は いくつと いくつ

➡ こたえは 74 ページ

■1 5は いくつと いくつですか。

① 　　　　4 と ☐

② 　　　　3 と ☐

③ 　　　　2 と ☐

➕プラス コグトレ

▶ あんごうカードを 見(み)て, ☐に 入(はい)る ひらがなを かきましょう。

① 　　　☐ と 4で 5

② 　　☐ と 2で 5

あんごうカード

1:あ 2:い 3:う 4:え 5:お

1 たすと 6に なるように かずを かきましょう。

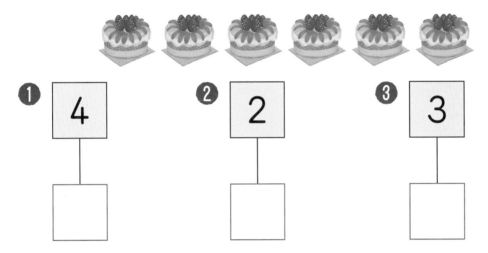

① 4 □　② 2 □　③ 3 □

プラス ＋コグトレ ・・・・・・・・・・・・・・・・・・・・・・・・・・・・・・・・・・・・・

▶ 6は いくつと いくつですか。あんごうカードを 見(み)て, □ に 入(はい)る ひらがなを かきましょう。

① 1 と □

② 4 と □

あんごうカード

1：あ 2：い 3：う 4：え 5：お

—4—

3 7は いくつと いくつ

ごうかく 3こ　ごうかく 3こ

けいさん せいとうすう　　こ / 4こ

＋コグトレ せいとうすう　　こ / 3こ

→ こたえは 74 ページ

1 7は いくつと いくつですか。

❶ 5 と ☐　　❷ 4 と ☐

❸ 2 と ☐　　❹ 6 と ☐

プラス ＋コグトレ ・・・・・・・・・・・・・・・・・・・・・・・・・・・・・・・・・・・・・・・

▶ あんごうカードを 見て，サイコロの かずが たすと 7に
なるように ── で つなぎましょう。あんごうカードの ○
は 「1」を あらわします。

○ ・　　　・ ⚃

△ ・　　　・ ⚄

□ ・　　　・ ⚅

⚃ は 4を あらわすよ。

あんごうカード

○は ⚀　 △は （3つの点）　 □は （2つの点）

4 8は いくっと いくっ

➡ こたえは 74 ページ

ごうかく 1こ
ごうかく 4こ
けいさん せいとうすう ___こ / 2こ
➕コグトレ せいとうすう ___こ / 6こ

1 あと　いくつで　8に　なりますか。

❶ 　　　　

❷ 　　　　

➕ プラス コグトレ ・・・

▶ たすと　8に　なる　たて・よこ・ななめの　2つの　かずを
さがして 🔲で かこみましょう。

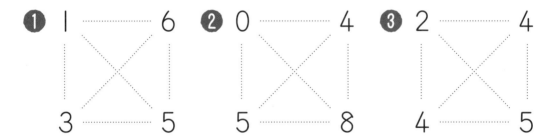

❶　1　　　6
　　3　　　5

❷　0　　　4
　　5　　　8

❸　2　　　4
　　4　　　5

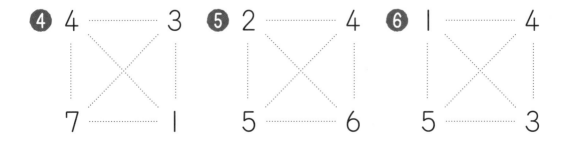

❹　4　　　3
　　7　　　1

❺　2　　　4
　　5　　　6

❻　1　　　4
　　5　　　3

5 9は いくつと いくつ

➡ こたえは 75 ページ

ごうかく 3こ — ごうかく 3こ

けいさん せいとうすう ___こ 3こ

＋コグトレ せいとうすう ___こ 4こ

1 あと いくつで 9に なりますか。

①

□

②

□

③

□

プラス ＋コグトレ ・・・

▶ あんごうカードを 見ながら, たして 9に なるように
　 ―で つなぎましょう。

× ・　　　・ 6

□ ・　　　・ 8

○ ・　　　・ 5

△ ・　　　・ 2

あんごうカード

4 ➡ ○ 　 7 ➡ △ 　 3 ➡ □ 　 1 ➡ ×

6 10は いくつと いくつ

→ こたえは 75 ページ

ごうかく 3こ
ごうかく 5こ
けいさん せいとうすう ——こ / 4こ
＋コグトレ せいとうすう ——こ / 6こ

1 10は いくつと いくつですか。

❶ 2と ☐　　　❷ 7と ☐

❸ 5と ☐　　　❹ 4と ☐

プラス
＋コグトレ ••••••••••••••••••••••••••••••••••

▶ たすと 10に なる たて・よこ・ななめの 2つの かず
を さがして ◯◯で かこみましょう。

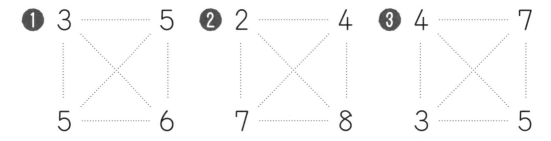

❶ 3 ⋯⋯ 5　❷ 2 ⋯⋯ 4　❸ 4 ⋯⋯ 7

5 ⋯⋯ 6　7 ⋯⋯ 8　3 ⋯⋯ 5

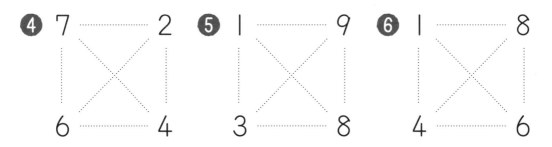

❹ 7 ⋯⋯ 2　❺ 1 ⋯⋯ 9　❻ 1 ⋯⋯ 8

6 ⋯⋯ 4　3 ⋯⋯ 8　4 ⋯⋯ 6

7 まとめテスト ①

1 たすと　5に　なるように　かずを　かきましょう。

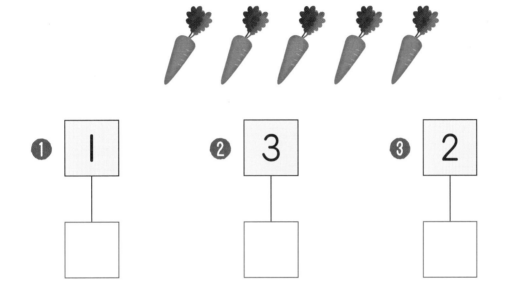

❶ | 1 |

❷ | 3 |

❸ | 2 |

2 7は　いくつと　いくつですか。

❶ 　　　　4 と □

❷ 　　　　2 と □

—9—

1 たすと 8に なるように —— で つなぎましょう。

4	·		·	3
2	·		·	4
5	·		·	6
1	·		·	7

2 あと いくつで 9に なりますか。

❶  ☐

❷  ☐

—10—

9 たしざん ①

【 月 日】

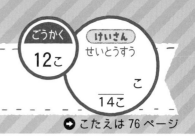

ごうかく
12こ

けいさん
せいとうすう
_____ こ
14こ

➡ こたえは 76 ページ

1 けいさんを しましょう。

❶ 1+2

この けいさんを
たしざんと いうよ。

❷ 2+3

❸ 2+4   ❹ 7+2

❺ 3+7   ❻ 6+1

❼ 2+2   ❽ 5+2

❾ 8+2   ❿ 3+3

⓫ 4+1   ⓬ 6+2

⓭ 3+5   ⓮ 9+1

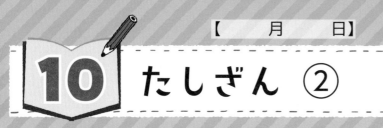

【　月　　日】

10 たしざん ②

ごうかく 12こ

けいさん せいとうすう

___ こ
14こ

➡ こたえは 76 ページ

1 けいさんを しましょう。

❶ 2+1

❷ 3+2

❸ 3+1

❹ 1+1

❺ 4+4

❻ 2+6

❼ 5+1

❽ 6+3

❾ 2+7

❿ 1+4

⓫ 1+8

⓬ 4+3

⓭ 2+8

⓮ 1+6

【　月　　日】

ごうかく
12こ

コグトレ
せいとうすう

こ
──────
15こ

11 たしざん ③

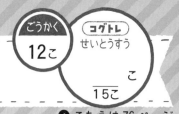

➡ こたえは 76 ページ

コグトレ ・・

▶ あんごうカードを 見て,（　　　　）に あてはまる ひらがな
を かきましょう。

あんごうカード

あ	3+5	い	1+1	う	3+3
え	4+2	お	5+4	か	5+5
き	1+4	く	2+2	け	2+1
こ	5+2	さ	3+4	し	3+1
す	6+3	せ	5+1	そ	0+1

かいとうらん

1 （　　　　） 2 （　　　　） 3 （　　　　）

4 （　　　　）（　　　　） 5 （　　　　）

6 （　　　　）（　　　　）（　　　　）

7 （　　　　）（　　　　） 8 （　　　　）

9 （　　　　）（　　　　） 10 （　　　　）

12 ひきざん ①

【 月 日】

ごうかく 12こ

けいさん
せいとうすう

＿＿
14こ　　こ

➡ こたえは 76 ページ

1 けいさんを しましょう。

❶ 2－1

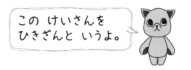
この けいさんを ひきざんと いうよ。

❷ 7－4

❸ 8－2　　　　❹ 9－5

❺ 5－3　　　　❻ 4－3

❼ 9－1　　　　❽ 6－3

❾ 7－6　　　　❿ 5－1

⓫ 9－2　　　　⓬ 10－1

⓭ 8－3　　　　⓮ 7－5

13 ひきざん ②

ごうかく
7こ

コグトレ
せいとうすう

こ

9こ

➡ こたえは 77 ページ

コグトレ ……………………………………………………………

▶ たて・よこ・ななめの 2つの かずの ひきざんの こたえ
が 3に なる ものを さがして ⬭で かこみましょ
う。

❶
10	5
7	1

❷
8	6
4	1

❸
1	9
2	6

▶ たて・よこ・ななめの 2つの かずの ひきざんの こたえ
が 5に なる ものを さがして ⬭で かこみましょ
う。

❶
9	5
2	4

❷
7	6
2	3

❸
1	8
4	3

▶ たて・よこ・ななめの 2つの かずの ひきざんの こたえ
が 7に なる ものを さがして ⬭で かこみましょ
う。

❶
10	2
3	1

❷
5	2
9	1

❸
2	1
6	8

14 ひきざん ③

コグトレ ・・

▶ あんごうカードを　見て,（　　　）に　あてはまる　ひらがな
を　かきましょう。

あんごうカード

あ	9−2	い	8−3	う	7−5
え	2−1	お	7−4	か	8−2
き	5−3	く	10−1	け	9−1
こ	4−3	さ	7−6	し	9−5
す	6−3	せ	5−1	そ	10−4

かいとうらん

1（　　　）（　　　　）（　　　）

2（　　　）（　　　　） 3（　　　　）（　　　　）

4（　　　）（　　　　） 5（　　　）

6（　　　）（　　　　） 7（　　　）

8（　　　）　　　　　 9（　　　）

—16—

【 月 　日】

15 まとめテスト ③

ごうかく 12こ

けいさん せいとうすう

こ

14こ

→ こたえは 77 ページ

1 けいさんを　しましょう。

❶ 2+4

❷ 4+5

❸ 3+7

❹ 2+1

❺ 1+4

❻ 4+3

❼ 4+4

❽ 6+4

❾ 5+1

❿ 3+1

⓫ 4+2

⓬ 5+3

⓭ 7+1

⓮ 2+5

【　　月　　日】

16 まとめ テスト ④

ごうかく
12こ

けいさん
せいとうすう

___ こ
14こ

→ こたえは 77 ページ

1 けいさんを しましょう。

❶ 7−3

❷ 8−7

❸ 6−4

❹ 9−4

❺ 10−2

❻ 8−6

❼ 5−2

❽ 9−3

❾ 7−2

❿ 9−1

⓫ 9−6

⓬ 4−2

⓭ 6−2

⓮ 10−3

【　　月　　日】

ごうかく　6こ

けいさん
せいとうすう
___ こ
7こ

➡ こたえは 78 ページ

1 ☐に　かずを　かきましょう。

❶ 10と　4で　☐

❷ 10と　8で　☐

❸ 12は　10と　☐

❹ 17は　10と　☐

❺ 19は　10と　☐

❻ 15は　☐と　5

❼ 20は　☐と　10

10より　大きい　かずだよ。

—19—

18 10と　いくつ②

● こたえは 78 ページ

コグトレ ・・・

▶ あんごうカードを　見て，□に　入る　ひらがなを　かきましょう。

❶ 10は　4と　□

❷ 10は　8と　□

❸ 12は　10と　□

❹ 17は　10と　□

❺ 19は　10と　□

❻ 15は　□と　5

❼ 20は　□と　10

あんごうカード

1：あ　2：い　3：う　4：え　5：お

6：か　7：き　8：く　9：け　10：こ

19 10と いくつ ③

ごうかく 12こ

けいさん せいとうすう

_____こ
14こ

➡ こたえは 78 ページ

1 けいさんを しましょう。

❶ 10+5

❷ 10+1

❸ 10+8

❹ 10+10

❺ 9+10

❻ 4+10

❼ 13−10

❽ 20−10

❾ 11−10

❿ 17−10

⓫ 12−2

⓬ 16−6

⓭ 19−9

⓮ 14−4

【 月 日】

20 10と いくつ ④

ごうかく 12こ

コグトレ せいとうすう

___こ
14こ

→ こたえは 78 ページ

コグトレ ....

▶ あんごうカードを 見て, □に 入る ひらがなを かきましょう。

① 10+2 = □   ② 10+9 = □

③ 10+4 = □   ④ 10+6 = □

⑤ 3+10 = □   ⑥ 7+10 = □

⑦ 15−10 = □   ⑧ 18−10 = □

⑨ 12−10 = □   ⑩ 16−10 = □

⑪ 15−5 = □   ⑫ 11−1 = □

⑬ 17−7 = □   ⑭ 13−3 = □

あんごうカード

1：あ	2：い	3：う	4：え	5：お
6：か	7：き	8：く	9：け	10：こ
11：さ	12：し	13：す	14：せ	15：そ
16：た	17：ち	18：つ	19：て	20：と

➡ こたえは 79 ページ

1 けいさんを しましょう。

① 12+2

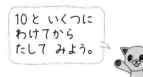

10と いくつに
わけてから
たして みよう。

② 11+2

③ 13+6 ④ 14+4

⑤ 11+8 ⑥ 15+3

⑦ 14+2 ⑧ 17+1

⑨ 12+7 ⑩ 16+2

⑪ 12+3 ⑫ 11+6

22　20までの かずの たしざん ②

ごうかく
10こ

コグトレ
せいとうすう

___
12こ
こ

➡ こたえは 79 ページ

コグトレ ・・

▶ あんごうカードを 見て,（　　　　）に あてはまる ひらがな
を かきましょう。

あんごうカード

あ	5+12	い	1+13	う	5+14
え	3+15	お	2+14	か	2+13
き	7+11	く	1+17	け	6+13
こ	4+12	さ	1+14	し	1+16

かいとうらん

14 （　　　　）

15 （　　　　）（　　　　　）

16 （　　　　）（　　　　　）

17 （　　　　）（　　　　　）

18 （　　　　）（　　　　　）（　　　　　）

19 （　　　　）（　　　　　）

【　月　日】

23 20までの かずの ひきざん ①

ごうかく 10こ

けいさん
せいとうすう
　　こ
12こ

➡ こたえは 79 ページ

1 けいさんを しましょう。

❶ 15−3

❷ 12−1

❸ 18−4

❹ 17−6

❺ 19−2

❻ 13−2

❼ 15−1

❽ 14−3

❾ 16−5

❿ 19−7

⓫ 18−3

⓬ 17−1

24 20までの かずの ひきざん ②

コグトレ
せいとうすう
____こ
12こ

➡ こたえは 79 ページ

コグトレ ・・

▶ あんごうカードを　見て,（　　　　）に　あてはまる　ひらがな
　を　かきましょう。

あんごうカード

あ	16−3	い	19−8	う	16−2
え	18−4	お	14−2	か	18−6
き	17−4	く	14−3	け	17−5
こ	13−1	さ	15−2	し	12−1

かいとうらん

11 （　　　　）（　　　　）（　　　　）

12 （　　　　）（　　　　）（　　　　）（　　　　）

13 （　　　　）（　　　　）（　　　　）

14 （　　　　）（　　　　）

【　　月　　日】

➡ こたえは 80 ページ

1 けいさんを しましょう。

❶ 15+3

❷ 14−10

❸ 17−5

❹ 2+13

❺ 10+8

❻ 16−6

❼ 13−2

❽ 14+3

❾ 18−4

❿ 7+10

⓫ 15−1

⓬ 12+5

1 けいさんを しましょう。

❶ 11+6

❷ 14−3

❸ 15−10

❹ 9+10

❺ 17−6

❻ 16+2

❼ 13+5

❽ 14+1

❾ 19−6

❿ 18−5

⓫ 14−4

⓬ 12+1

—28—

➡ こたえは 80 ページ

1 けいさんを しましょう。

左から けいさんしよう。

❶ 1+5+3

❷ 1+2+7

❸ 2+1+1   ❹ 1+1+5

❺ 2+6+2   ❻ 2+3+4

❼ 1+1+6   ❽ 1+2+2

❾ 5+2+2   ❿ 4+1+5

⓫ 1+2+3   ⓬ 2+1+5

⓭ 2+3+5   ⓮ 3+3+1

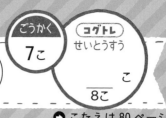

⊙ こたえは 80 ページ

コグトレ ....

▶ たして 10に なるように たて・よこの 3つの かずを
さがして ⬭で かこみましょう。

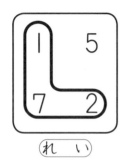

れ　い

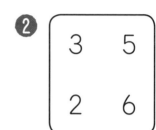

▶ たして 9に なるように たて・よこの 3つの かずを
さがして ⬭で かこみましょう。

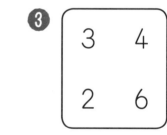

▶ たして 8に なるように たて・よこの 3つの かずを
さがして ⬭で かこみましょう。

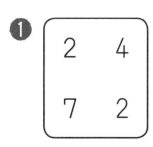

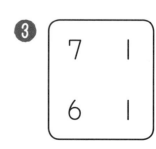

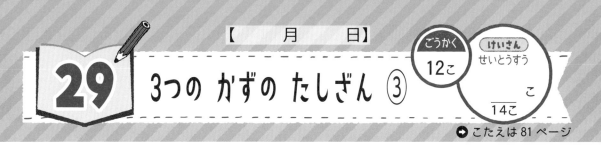

【　月　　日】

29 3つの かずの たしざん ③

ごうかく
12こ

けいさん
せいとうすう

こ

14こ

➡ こたえは 81 ページ

1 けいさんを しましょう。

❶ 4+2+1

❷ 2+2+5

❸ 1+3+6

❹ 3+2+1

❺ 9+1+1

❻ 5+5+1

❼ 6+2+1

❽ 4+5+1

❾ 3+7+1

❿ 6+4+3

⓫ 1+4+1

⓬ 3+5+1

⓭ 8+2+2

⓮ 4+6+5

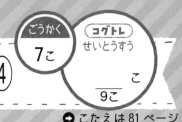

コグトレ ・・・

▶ たして 12に なるように たて・よこの 3つの かずを
さがして （◯◯）で かこみましょう。

❶
2	6
7	3

❷
3	7
5	2

❸
2	2
8	3

▶ たして 14に なるように たて・よこの 3つの かずを
さがして （◯◯）で かこみましょう。

❶
7	5
3	4

❷
5	6
4	4

❸
3	5
5	4

▶ たして 16に なるように たて・よこの 3つの かずを
さがして （◯◯）で かこみましょう。

❶
6	7
6	4

❷
2	6
7	3

❸
9	6
8	1

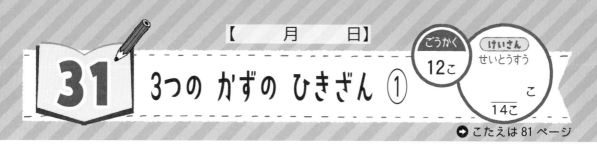

【　　月　　日】

ごうかく　12こ

けいさん　せいとうすう　　　こ
―――
14こ

➡ こたえは 81 ページ

31 3つの かずの ひきざん ①

1 けいさんを しましょう。

❶ 10－1－8

❷ 6－3－1

❸ 9－3－1

❹ 10－2－1

❺ 9－2－5

❻ 4－2－1

❼ 6－1－2

❽ 10－5－3

❾ 7－1－5

❿ 10－2－4

⓫ 9－3－2

⓬ 8－1－4

⓭ 8－1－1

⓮ 9－4－4

【 月 日】

32 3つの かずの ひきざん ②

→ こたえは 81 ページ

コグトレ ・・

▶ けいさんの しきが 正しく なる かずを ⌐⌐の 中から
えらんで 〇で かこみましょう。

①

$$\begin{array}{c} \boxed{10} \\ \boxed{8} \end{array} - 3 - 1 = 4$$

②

$$\begin{array}{c} \boxed{9} \\ \boxed{7} \end{array} - 3 - 4 = 2$$

③

$$8 - \begin{array}{c} \boxed{4} \\ \boxed{3} \end{array} - 1 = 4$$

④

$$9 - \begin{array}{c} \boxed{4} \\ \boxed{2} \end{array} - 3 = 4$$

⑤

$$7 - 2 - \begin{array}{c} \boxed{4} \\ \boxed{2} \end{array} = 3$$

⑥

$$10 - 2 - \begin{array}{c} \boxed{2} \\ \boxed{3} \end{array} = 6$$

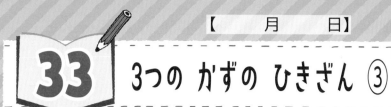

こたえは 82 ページ

1 けいさんを しましょう。

❶ 8−5−1

❷ 10−3−3

❸ 12−2−3

❹ 15−5−1

❺ 10−2−6

❻ 7−2−2

❼ 13−3−1

❽ 14−4−5

❾ 6−3−2

❿ 10−5−1

⓫ 17−7−2

⓬ 11−1−6

⓭ 10−5−4

⓮ 10−1−6

34 3つの かずの ひきざん ④

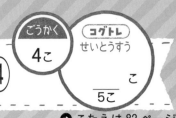

➡ こたえは 82 ページ

コグトレ ・・

▶ けいさんの しきが 正しく なる かずを ┌──┐の 中から
えらんで ○で かこみましょう。

①

$$\boxed{\begin{array}{c} 9 \\ 8 \end{array}} - 2 - 4 = 3$$

②

$$16 - \boxed{\begin{array}{c} 3 \\ 6 \end{array}} - 3 = 7$$

③

$$17 - \boxed{\begin{array}{c} 10 \\ 7 \end{array}} - 3 = 4$$

④

$$10 - 3 - \boxed{\begin{array}{c} 5 \\ 6 \end{array}} = 1$$

⑤

$$\boxed{\begin{array}{c} 18 \\ 15 \end{array}} - 5 - \boxed{\begin{array}{c} 2 \\ 3 \end{array}} = 8$$

【 月 日】

ごうかく 9こ

けいさん
せいとうすう

11こ こ

→ こたえは 82 ページ

1 ☐ に かずを かきましょう。

❶ 10 と 6 で ☐

❷ 5 と 10 で ☐

❸ 14 は ☐ と 4

2 けいさんを しましょう。

❶ 10+7　　　　❷ 10+3

❸ 2+10　　　　❹ 8+10

❺ 14−10　　　❻ 19−10

❼ 18−8　　　　❽ 20−10

→ こたえは 82 ページ

1 けいさんを しましょう。

❶ 15+4　　　　　❷ 11+7

❸ 2+2+1　　　　❹ 1+3+4

❺ 6+4+2　　　　❻ 3+7+2

❼ 17−5　　　　　❽ 19−6

❾ 7−2−1　　　　❿ 10−3−1

⓫ 12−2−1　　　　⓬ 15−5−1

⓭ 11−1−7　　　　⓮ 14−10−2

37 3つの かずの けいさん ①

1 けいさんを しましょう。

① 2+8−9　　② 5−2+4

③ 4+5−6　　④ 10+6−2

⑤ 2+7−4　　⑥ 7−1+2

⑦ 1+9−3　　⑧ 4−3+1

⑨ 10+4−3　　⑩ 8−5+3

⑪ 3+4−2　　⑫ 9−7+2

⑬ 2+6−5　　⑭ 5−2+1

—39—

38 3つの かずの けいさん ②

【 　月　　日】

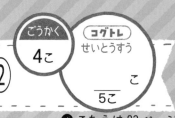

ごうかく 4こ　コグトレ せいとうすう ＿＿ こ ／5こ

➡ こたえは 83 ページ

コグトレ ・・・

▶ けいさんの しきが 正しく なる かずを ⌐¬の 中から
　 えらんで ○で かこみましょう。

①
　⎡ ⑺ ⎤
　⎣ ⑹ ⎦ $- 4 + 3 = 5$

②
　⎡ ⑻ ⎤
　⎣ ⑽ ⎦ $+ 2 - 1 = 9$

③
　$4 +$ ⎡ ⑸ ⎤ $- 7 = 1$
　　　⎣ ⑷ ⎦

④
　$8 -$ ⎡ ⑷ ⎤ $+ 5 = 7$
　　　⎣ ⑹ ⎦

⑤
　⎡ ⑻ ⎤ $+ 2 -$ ⎡ ⑷ ⎤ $= 4$
　⎣ ⑺ ⎦ 　　　 ⎣ ⑸ ⎦

—40—

【　月　　日】

39　3つの かずの けいさん ③

ごうかく
12こ

けいさん
せいとうすう

____ こ

14こ

→ こたえは 83 ページ

1 けいさんを しましょう。

❶ 3+7−4

❷ 8−7+1

❸ 12+4−1

❹ 15−5+6

❺ 9+1−6

❻ 7−2+1

❼ 13+6−4

❽ 5−3+1

❾ 4+4−1

❿ 16−6+2

⓫ 14+2−6

⓬ 6−1+4

⓭ 3+5−7

⓮ 12−2+5

【　　月　　日】

40

3つの かずの けいさん ④

ごうかく
4こ

コグトレ
せいとうすう
　　　こ
5こ

→ こたえは 83 ページ

コグトレ ・・

▶ けいさんの しきが 正しく なる かずを ［　］の 中から
　えらんで ○で かこみましょう。

❶
［ 13 ／ 14 ］ ＋ 5 － 8 ＝ 10

❷
14 ＋ ［ 1 ／ 3 ］ － 5 ＝ 10

❸
18 － ［ 7 ／ 8 ］ ＋ 6 ＝ 16

❹
7 － 5 ＋ ［ 2 ／ 4 ］ ＝ 6

❺
［ 7 ／ 8 ］ ＋ 2 － ［ 5 ／ 3 ］ ＝ 6

—42—

【　　月　　日】

41 まとめテスト ⑨

ごうかく 12こ

けいさん
せいとうすう

___ こ
14こ

→ こたえは 84 ページ

1 けいさんを しましょう。

❶ 1+9−8

❷ 11−1+6

❸ 4+6−5

❹ 3−2+4

❺ 7+1−4

❻ 19−9+6

❼ 14+3−4

❽ 6−3+1

❾ 12+7−9

❿ 8−7+2

⓫ 11+6−5

⓬ 14−4+3

⓭ 4+6−1

⓮ 10−9+5

42 **まとめ**テスト ⑩

【　　月　　日】

ごうかく
12こ

けいさん
せいとうすう

14こ　　　こ

→ こたえは 84 ページ

1 けいさんを しましょう。

① 2+8−7

② 6−3+4

③ 7+3−6

④ 10+5−3

⑤ 1+8−3

⑥ 18−8+2

⑦ 5+3−1

⑧ 8−7+5

⑨ 10+6−4

⑩ 7−5+3

⑪ 6+1−2

⑫ 13−3+2

⑬ 12+5−7

⑭ 8−6+7

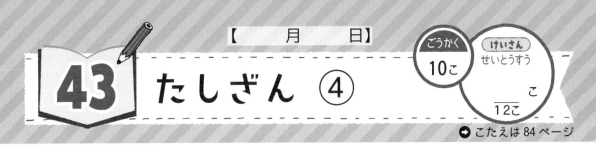

【　月　　日】

43 たしざん ④

ごうかく 10こ

けいさん せいとうすう

_____ こ

12こ

→ こたえは 84 ページ

1 けいさんを しましょう。

❶ 2+9

❷ 6+8

❸ 6+6　　　　❹ 9+7

❺ 7+8　　　　❻ 8+3

❼ 3+9　　　　❽ 4+9

❾ 7+6　　　　❿ 9+9

⓫ 5+6　　　　⓬ 7+7

44 たしざん ⑤

【 月 日】

ごうかく
10こ

けいさん
せいとうすう

こ
―――
12こ

→ こたえは 84 ページ

1 けいさんを しましょう。

① 5+9

② 5+7

③ 3+8

④ 9+8

⑤ 9+2

⑥ 4+7

⑦ 9+3

⑧ 6+9

⑨ 7+9

⑩ 4+8

⑪ 5+8

⑫ 8+6

45 たしざん ⑥

ごうかく
10こ

コグトレ
せいとうすう
　　　こ
——
12こ

➡ こたえは 85 ページ

コグトレ ···

▶ あんごうカードを　見て,（　　　　）に　あてはまる　ひらがな
　を　かきましょう。

あんごうカード

あ	7+4	い	9+6	う	8+7
え	9+5	お	6+5	か	8+4
き	9+4	く	8+8	け	8+5
こ	8+9	さ	7+5	し	6+7

かいとうらん

11 （　　　　　）（　　　　　　）

12 （　　　　　）（　　　　　　）

13 （　　　　　）（　　　　　　）（　　　　　　）

14 （　　　　　）

15 （　　　　　）（　　　　　）

16 （　　　　　）

17 （　　　　　）

46 ひきざん ④

ごうかく 10こ　けいさん せいとうすう ___こ / 12こ

➡ こたえは 85 ページ

1 けいさんを しましょう。

❶ 18−9

くり下がりが あるよ。

❷ 11−5

❸ 16−8

❹ 12−8

❺ 11−6

❻ 11−2

❼ 14−6

❽ 13−6

❾ 14−7

❿ 11−9

⓫ 13−4

⓬ 13−7

【 　月　　日】

ごうかく
10こ

けいさん
せいとうすう

___
12こ こ

→ こたえは 85 ページ

47 ひきざん ⑤

1 けいさんを しましょう。

❶ 15−9 　　　　❷ 12−4

❸ 14−5 　　　　❹ 13−8

❺ 12−3 　　　　❻ 16−9

❼ 15−7 　　　　❽ 12−7

❾ 13−9 　　　　❿ 17−8

⓫ 11−4 　　　　⓬ 12−6

【　月　日】

48 ひきざん ⑥

ごうかく
10こ

コグトレ
せいとうすう
　　こ
12こ

→ こたえは 85 ページ

コグトレ ‥‥‥‥‥‥‥‥‥‥‥‥‥‥‥‥‥‥‥‥‥‥‥‥‥‥‥‥

▶ あんごうカードを 見て,（　　　　）に あてはまる ひらがな
を かきましょう。

あんごうカード

あ	14−9	い	12−5	う	11−8
え	16−7	お	11−3	か	14−8
き	12−9	く	17−9	け	11−7
こ	15−8	さ	15−6	し	13−5

かいとうらん

3（　　　　）（　　　　）

4（　　　　）

5（　　　　）

6（　　　　）

7（　　　　）（　　　　）

8（　　　　）（　　　　）（　　　　）

9（　　　　）（　　　　）

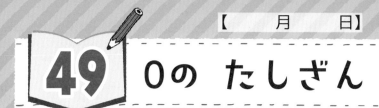

【　月　日】

ごうかく
12こ

けいさん
せいとうすう

___
14こ　こ

➡ こたえは 86 ページ

49　0の たしざん

1 けいさんを しましょう。

❶ 2+0

❷ 0+9

❸ 0+5

❹ 3+0

❺ |+0

❻ 0+7

❼ 0+4

❽ 8+0

❾ 0+0

❿ 0+6

⓫ 9+0

⓬ 0+2

⓭ 0+|

⓮ 5+0

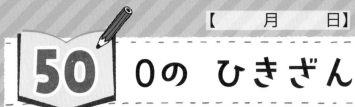

50 0の ひきざん

1 けいさんを しましょう。

❶ 3−3　　　　　❷ 9−0

❸ 5−0　　　　　❹ 4−4

❺ 8−8　　　　　❻ 1−0

❼ 4−0　　　　　❽ 7−7

❾ 6−6　　　　　❿ 0−0

⓫ 2−0　　　　　⓬ 9−9

⓭ 1−1　　　　　⓮ 8−0

【　月　　日】

51 まとめテスト ⑪

ごうかく　12こ

けいさん
せいとうすう
　　　　こ
——
14こ

➡ こたえは 86 ページ

1 けいさんを　しましょう。

❶ 5+7

❷ 7+8

❸ 9+3

❹ 8+4

❺ 4+7

❻ 6+6

❼ 5+9

❽ 3+8

❾ 7+7

❿ 9+6

⓫ 2+9

⓬ 4+9

⓭ 6+0

⓮ 0+8

【　月　日】

52 まとめテスト⑫

ごうかく 12こ

けいさん せいとうすう

＿こ

14こ

→ こたえは 86 ページ

1 けいさんを しましょう。

❶ 12−9

❷ 13−4

❸ 11−6

❹ 15−7

❺ 14−7

❻ 12−6

❼ 17−9

❽ 14−8

❾ 15−6

❿ 12−5

⓫ 13−8

⓬ 18−9

⓭ 5−5

⓮ 6−0

【　　月　　日】

53 大(おお)きい かず ①

ごうかく 7こ

けいさん せいとうすう
こ / 8こ

こたえは 87 ページ

1 □に かずを かきましょう。

❶ 10が 4こで □

❷ 10が 1こと 1が 7こで □

❸ 10が 7こと 1が 1こで □

❹ 10が 6こで □

❺ 10が 9こと 1が 4こで □

❻ 10が 5こと 1が 6こで □

❼ 10が 8こと 1が 8こで □

❽ 10が 10こで □

54 大きい かず ②

➡ こたえは 87 ページ

コグトレ ....

▶ りんご と バナナ とすいか の かずを それぞれ
かぞえましょう。

りんご（　　　） バナナ（　　　） すいか（　　　）

ごうかく
9こ

けいさん
せいとうすう

こ

10こ

➡ こたえは 87 ページ

1 ☐に かずを かきましょう。

❶ 47 は, 10 が ☐ こと 1 が

☐ こ

❷ 75 は, 10 が ☐ こと 1 が

☐ こ

❸ 32 は, 10 が ☐ こと 1 が

☐ こ

❹ 69 の 十のくらいの すう字は ☐ ,

一のくらいの すう字は ☐

❺ 28 の 十のくらいの すう字は ☐ ,

一のくらいの すう字は ☐

56 大きい かず ④

→ こたえは 87 ページ

コグトレ ・・・・・・・・・・・・・・・・・・・・・・・・・・・・・・・・・・・・・・・

▶ 下の あんごうカードを つかって ひらがなの くみあわせ を かきましょう。(ヒント 25だと 「うか」)

❶ 29より 1 大きい かずは 　　　　　

❷ 80より 1 小さい かずは 　　　　　

❸ 49より 1 大きい かずは 　　　　　

❹ 20より 1 小さい かずは 　　　　　

❺ 40と 30で 　　　　　

❻ 100は 40と 　　　　　

❼ 105より 4 大きい かずは 　　　　　

❽ 120より 3 小さい かずは 　　　　　

あんごうカード

0：あ　1：い　2：う　3：え　4：お

5：か　6：き　7：く　8：け　9：こ

57 大きい かずの けいさん ①

1 けいさんを しましょう。

❶ 30+20

❷ 40+30

❸ 10+50

❹ 60+30

❺ 20+70

❻ 50+50

❼ 40−10

❽ 70−50

❾ 60−20

❿ 90−80

⓫ 50−30

⓬ 100−40

58 大きい かずの けいさん ②

→ こたえは 88 ページ

コグトレ ･･･

▶ 下の あんごうカードを つかって ひらがなの くみあわせ
を かきましょう。（ヒント 25 だと 「うか」）

❶ 40+3 =   ❷ 8+60 =

❸ 5+32 =   ❹ 51+6 =

❺ 72+4 =   ❻ 63+2 =

❼ 6+23 =   ❽ 1+86 =

❾ 3+33 =   ❿ 72+7 =

⓫ 50+2 =   ⓬ 5+94 =

> **あんごうカード**
>
> 0：あ　1：い　2：う　3：え　4：お
>
> 5：か　6：き　7：く　8：け　9：こ

59 大きい かずの けいさん ③

【 月 日】

ごうかく 10こ

けいさん せいとうすう

こ

12こ

→ こたえは 88 ページ

1 けいさんを しましょう。

❶ 38−8

❷ 29−9

❸ 54−3

❹ 95−4

❺ 76−2

❻ 48−6

❼ 35−1

❽ 63−3

❾ 29−5

❿ 88−7

⓫ 98−3

⓬ 67−7

60 大きい かずの けいさん ④

ごうかく
10こ

コグトレ
せいとうすう

____ こ
12こ

➡ こたえは 88 ページ

コグトレ ･･

▶ 下の あんごうカードを つかって ひらがなの くみあわせ を かきましょう。（ヒント 25だと 「うか」）

① 49−6 =

② 69−2 =

③ 77−4 =

④ 25−5 =

⑤ 36−5 =

⑥ 44−3 =

⑦ 99−9 =

⑧ 68−6 =

⑨ 45−3 =

⑩ 58−7 =

⑪ 76−5 =

⑫ 64−1 =

┌─────────── あんごうカード ───────────┐

0：あ 1：い 2：う 3：え 4：お

5：か 6：き 7：く 8：け 9：こ

└──────────────────────────────────┘

【　月　日】

61 まとめテスト ⑬

ごうかく 7こ

けいさん せいとうすう　　こ／8こ

➡ こたえは 89 ページ

1 □に　かずを　かきましょう。

❶ 10が　4こと　1が　3こで □

❷ 十(じゅう)の　くらいが　5，一(いち)の　くらいが　7の　かずは □

❸ 83は，10が □こと　1が □こ

❹ 79より　1　大(おお)きい　かずは □

❺ 115より　5　小(ちい)さい　かずは □

❻ 30と　70で □

❼ 90は　50と □

62 まとめテスト ⑭

1 けいさんを しましょう。

❶ 40+40　　　　❷ 20+80

❸ 70+5　　　　❹ 30+9

❺ 53+6　　　　❻ 61+7

❼ 80−60　　　　❽ 100−80

❾ 47−7　　　　❿ 35−5

⓫ 98−4　　　　⓬ 67−6

63 □の ある けいさん ①

→ こたえは 89 ページ

1 □に あてはまる かずを こたえましょう。

❶ 5+□=8

❷ □+4=7

❸ 3+□=9

❹ □+1=5

❺ □+2=15

❻ □+4=16

❼ 4+□=18

❽ 9+□=10

9と あと
いくつで
10 かな。

❾ □+2=13

❿ 5+□=19

64 たしざん ⑦

➡ こたえは 89 ページ

コグトレ ⋯⋯⋯⋯⋯⋯⋯⋯⋯⋯⋯⋯⋯⋯⋯⋯⋯⋯⋯⋯⋯⋯⋯

▶ てんせん(―――)で つながれた たて・よこ・ななめの と
なりあった 2つの かずを たすと 11に なる ものが
2つ あります。それらを さがして ◯で かこみまし
ょう。

❶ 8 ― 2 ― 3   ❷ 3 ― 4 ― 8   ❸ 2 ― 7 ― 8
　 0 ― 3 ― 4   　 7 ― 1 ― 5   　 2 ― 3 ― 4
　 6 ― 5 ― 5   　 1 ― 9 ― 2   　 5 ― 1 ― 6

▶ てんせん(―――)で つながれた たて・よこ・ななめの と
なりあった 2つの かずを たすと 12に なる ものが
2つ あります。それらを さがして ◯で かこみまし
ょう。

❶ 5 ― 8 ― 3   ❷ 3 ― 5 ― 8   ❸ 7 ― 4 ― 9
　 5 ― 6 ― 5   　 7 ― 3 ― 6   　 3 ― 4 ― 2
　 7 ― 9 ― 6   　 8 ― 6 ― 5   　 8 ― 8 ― 5

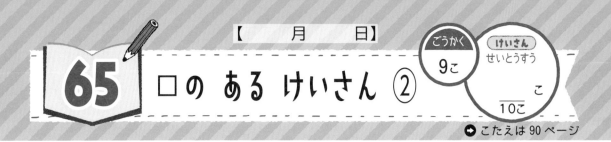

65 □の ある けいさん ②

【　　月　　日】

ごうかく 9こ

けいさん せいとうすう

　　こ
―――
10こ

➡ こたえは 90 ページ

1 □に あてはまる かずを こたえましょう。

❶ $\square+20=80$

❷ $30+\square=70$

❸ $7+\square=39$

❹ $\square+6=78$

❺ $\square+4=95$

❻ $\square+1=34$

❼ $80+\square=100$

❽ $6+\square=69$

❾ $\square+5=58$

❿ $3+\square=48$

【　月　　日】

ごうかく
9こ

けいさん
せいとうすう

____こ
10こ

66
□の ある けいさん ③

→ こたえは 90 ページ

1 □に あてはまる かずを こたえましょう。

❶ □−4=3

❷ 7−□=1

❸ □−5=4

❹ 6−□=2

❺ □−2=8

❻ 16−□=10

❼ □−5=13

❽ 19−□=9

❾ 10−□=5

❿ □−7=10

67 ひきざん ⑦

→ こたえは 90 ページ

コグトレ ・・

▶ たて・よこ・ななめの 2つの かずの ひきざんの こたえ
  が 8に なる ものを さがして ◯で かこみましょ
  う。

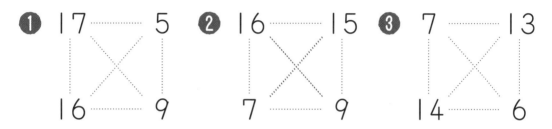

❶ 17 ---- 5   ❷ 16 ---- 15   ❸ 7 ---- 13
  16 ---- 9   7 ---- 9   14 ---- 6

▶ たて・よこ・ななめの 2つの かずの ひきざんの こたえ
  が 9に なる ものを さがして ◯で かこみましょ
  う。

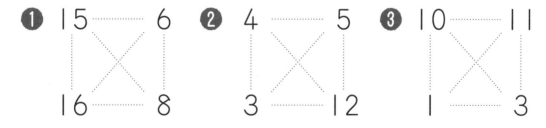

❶ 15 ---- 6   ❷ 4 ---- 5   ❸ 10 ---- 11
  16 ---- 8   3 ---- 12   1 ---- 3

▶ たて・よこ・ななめの 2つの かずの ひきざんの こたえ
  が 7に なる ものを さがして ◯で かこみましょ
  う。

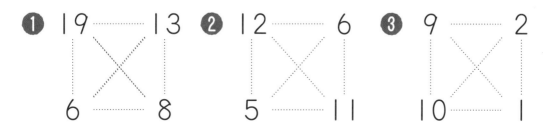

❶ 19 ---- 13   ❷ 12 ---- 6   ❸ 9 ---- 2
  6 ---- 8   5 ---- 11   10 ---- 1

68 □の ある けいさん ④

1 □に あてはまる かずを こたえましょう。

① □−6=81

② 100−□=50

③ □−5=40

④ 70−□=60

⑤ 90−□=30

⑥ □−3=36

⑦ □−7=61

⑧ 50−□=10

⑨ □−2=95

⑩ 40−□=20

【 月 日】

69 **まとめ** テスト ⑮

ごうかく
9こ

けいさん
せいとうすう

___ こ
10こ

→ こたえは 91 ページ

1 □に あてはまる かずを こたえましょう。

❶ 14−□=10

❷ 4+□=27

❸ □+7=79

❹ □−2=52

❺ 60−□=20

❻ 5+□=13

❼ □+0=70

❽ □−5=41

❾ 11−□=7

❿ □+6=59

こたえは 91 ページ

1 下の れいと おなじように, □に かず
を かきましょう。

(れい)
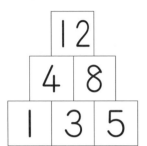

①
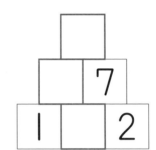

②
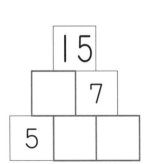

③
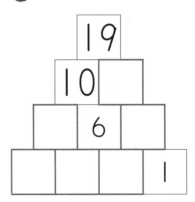

きまりを 見つけよう。

コグトレ 小1 計算ドリル

こたえ

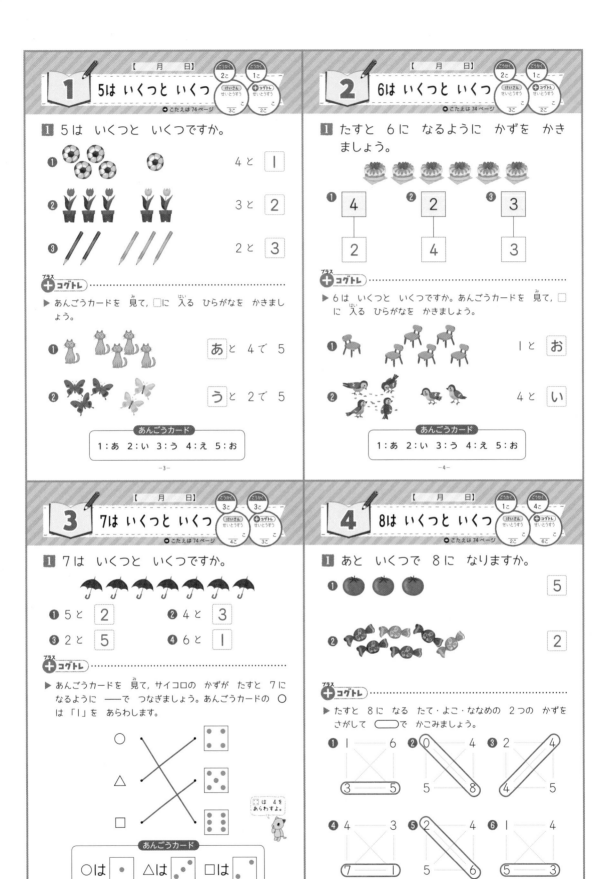

1　5は いくつと いくつ

こたえは 74ページ

1 5は いくつと いくつですか。

❶ 　　　　　　　　4と　1

❷ 　　　　　　　　3と　2

❸ 　　　　　　　　2と　3

＋コグトレ

▶ あんごうカードを 見て，□に 入る ひらがなを かきましょう。

❶ 　　　　　　　あ と 4で 5

❷ 　　　　　　　う と 2で 5

あんごうカード
1：あ　2：い　3：う　4：え　5：お

—3—

2　6は いくつと いくつ

こたえは 74ページ

1 たすと 6に なるように かずを かきましょう。

❶ 4 / 2　　❷ 2 / 4　　❸ 3 / 3

＋コグトレ

▶ 6は いくつと いくつですか。あんごうカードを 見て，□に 入る ひらがなを かきましょう。

❶ 　　　　　　　1と　お

❷ 　　　　　　　4と　い

あんごうカード
1：あ　2：い　3：う　4：え　5：お

—4—

3　7は いくつと いくつ

こたえは 74ページ

1 7は いくつと いくつですか。

❶ 5と 2　　❷ 4と 3
❸ 2と 5　　❹ 6と 1

＋コグトレ

▶ あんごうカードを 見て，サイコロの かずが たすと 7に なるように ——で つなぎましょう。あんごうカードの 〇 は「1」を あらわします。

〇　　△　　□

は 4を あらわすよ。

あんごうカード
〇は ・　△は ∴　□は ⠃

—5—

4　8は いくつと いくつ

こたえは 74ページ

1 あと いくつで 8に なりますか。

❶ 　　　　　　　　5

❷ 　　　　　　　　2

＋コグトレ

▶ たすと 8に なる たて・よこ・ななめの 2つの かずを さがして ◯◯で かこみましょう。

❶ 1 — 6　　❷ 0 — 4　　❸ 2 — 4
　3 — 5　　　 5 — 8　　　 4 — 5

❹ 4 — 3　　❺ 2 — 4　　❻ 1 — 4
　7 — 1　　　 5 — 6　　　 5 — 3

—6—

—74—

5 9は いくつと いくつ

１ あと いくつで 9に なりますか。

❶ 　7

❷ 　3

❸ 　5

＋ コグトレ

▶ あんごうカードを 見ながら，たして 9に なるように ——で つなぎましょう。

×　　　　　　6
□　　　　　　8
○　　　　　　5
△　　　　　　2

あんごうカード
4 → ○　7 → △　3 → □　1 → ×

—7—

6 10は いくつと いくつ

１ 10は いくつと いくつですか。

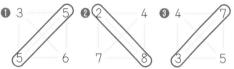

❶ 2と 8　　　　❷ 7と 3

❸ 5と 5　　　　❹ 4と 6

＋ コグトレ

▶ たすと 10に なる たて・よこ・ななめの 2つの かずを さがして ◯◯◯で かこみましょう。

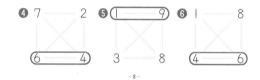

❶ 3　5　❷ 2　4　❸ 4　7
　5　6　　7　8　　3　5

❹ 7　2　❺ 1　9　❻ 1　8
　6　4　　3　8　　4　6

—8—

7 まとめ テスト ①

１ たすと 5に なるように かずを かきましょう。

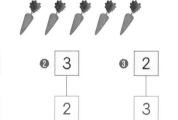

❶ 1　　❷ 3　　❸ 2
　4　　　2　　　3

２ 7は いくつと いくつですか。

❶ 　　4と 3

❷ 　　2と 5

—9—

8 まとめ テスト ②

１ たすと 8に なるように ——で つなぎましょう。

4　　　　3
2　　　　4
5　　　　6
1　　　　7

２ あと いくつで 9に なりますか。

❶ 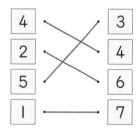　　6

❷ 　　4

—10—

◯こたえは 76 ページ

1 けいさんを しましょう。

❶ 1+2 = 3

この けいさんを たしざんと いうよ。

❷ 2+3 = 5

❸ 2+4 = 6   ❹ 7+2 = 9

❺ 3+7 = 10   ❻ 6+1 = 7

❼ 2+2 = 4   ❽ 5+2 = 7

❾ 8+2 = 10   ❿ 3+3 = 6

⓫ 4+1 = 5   ⓬ 6+2 = 8

⓭ 3+5 = 8   ⓮ 9+1 = 10

—11—

◯こたえは 76 ページ

1 けいさんを しましょう。

❶ 2+1 = 3   ❷ 3+2 = 5

❸ 3+1 = 4   ❹ 1+1 = 2

❺ 4+4 = 8   ❻ 2+6 = 8

❼ 5+1 = 6   ❽ 6+3 = 9

❾ 2+7 = 9   ❿ 1+4 = 5

⓫ 1+8 = 9   ⓬ 4+3 = 7

⓭ 2+8 = 10   ⓮ 1+6 = 7

—12—

◯こたえは 76 ページ

コグトレ
▶ あんごうカードを 見て,（　）に あてはまる ひらがな を かきましょう。

あんごうカード

あ	3+5	い	1+1	う	3+3
え	4+2	お	5+4	か	5+5
き	1+4	く	2+2	け	2+1
こ	5+2	さ	3+4	し	3+1
す	6+3	せ	5+1	そ	0+1

かいとうらん

1（ そ ）2（ い ）3（ け ）
4（ く ）（ し ）　5（ き ）
6（ う ）（ え ）（ せ ）
7（ こ ）（ さ ）　8（ あ ）
9（ お ）（ す ）　10（ か ）

—13—

◯こたえは 76 ページ

1 けいさんを しましょう。

❶ 2−1 = 1

この けいさんを ひきざんと いうよ。

❷ 7−4 = 3

❸ 8−2 = 6   ❹ 9−5 = 4

❺ 5−3 = 2   ❻ 4−3 = 1

❼ 9−1 = 8   ❽ 6−3 = 3

❾ 7−6 = 1   ❿ 5−1 = 4

⓫ 9−2 = 7   ⓬ 10−1 = 9

⓭ 8−3 = 5   ⓮ 7−5 = 2

—14—

コグトレ ・・・・・・・・・・・・・・・・・・・・・・・・・・・・・・・・・・・・・・

▶ たて・よこ・ななめの 2つの かずの ひきざんの こたえ が 3に なる ものを さがして ◯で かこみましょう。

▶ たて・よこ・ななめの 2つの かずの ひきざんの こたえ が 5に なる ものを さがして ◯で かこみましょう。

▶ たて・よこ・ななめの 2つの かずの ひきざんの こたえ が 7に なる ものを さがして ◯で かこみましょう。

－15－

コグトレ ・・・・・・・・・・・・・・・・・・・・・・・・・・・・・・・・・・・・・・

▶ あんごうカードを 見て，（　　）に あてはまる ひらがな を かきましょう。

あんごうカード

あ	9−2	い	8−3	う	7−5
え	2−1	お	7−4	か	8−2
き	5−3	く	10−1	け	9−1
こ	4−3	さ	7−6	し	9−5
す	6−3	せ	5−1	そ	10−4

かいとうらん

1 (え) (こ) (さ)

2 (う) (き) 3 (お) (す)

4 (し) (せ) 5 (い)

6 (か) (そ) 7 (あ)

8 (け)　　　　　9 (く)

－16－

1 けいさんを しましょう。

❶ 2+4 = 6　　　　❷ 4+5 = 9

❸ 3+7 = 10　　　❹ 2+1 = 3

❺ 1+4 = 5　　　　❻ 4+3 = 7

❼ 4+4 = 8　　　　❽ 6+4 = 10

❾ 5+1 = 6　　　　❿ 3+1 = 4

⓫ 4+2 = 6　　　　⓬ 5+3 = 8

⓭ 7+1 = 8　　　　⓮ 2+5 = 7

－17－

1 けいさんを しましょう。

❶ 7−3 = 4　　　　❷ 8−7 = 1

❸ 6−4 = 2　　　　❹ 9−4 = 5

❺ 10−2 = 8　　　❻ 8−6 = 2

❼ 5−2 = 3　　　　❽ 9−3 = 6

❾ 7−2 = 5　　　　❿ 9−1 = 8

⓫ 9−6 = 3　　　　⓬ 4−2 = 2

⓭ 6−2 = 4　　　　⓮ 10−3 = 7

－18－

1 □に かずを かきましょう。

❶ 10と 4で **14**

❷ 10と 8で **18**

❸ 12は 10と **2**

❹ 17は 10と **7**

❺ 19は 10と **9**

❻ 15は **10** と 5

❼ 20は **10** と 10

> 10より 大きい かずだよ。

―19―

（コグトレ）
▶ あんごうカードを 見て, □に 入る ひらがなを かきましょう。

❶ 10は 4と **か**

❷ 10は 8と **い**

❸ 12は 10と **い**

❹ 17は 10と **き**

❺ 19は 10と **け**

❻ 15は **こ** と 5

❼ 20は **こ** と 10

┌─────── あんごうカード ───────┐
│ 1：あ 2：い 3：う 4：え 5：お │
│ 6：か 7：き 8：く 9：け 10：こ │
└─────────────────────────┘

―20―

1 けいさんを しましょう。

❶ 10+5 = 15　　❷ 10+1 = 11

❸ 10+8 = 18　　❹ 10+10 = 20

❺ 9+10 = 19　　❻ 4+10 = 14

❼ 13-10 = 3　　❽ 20-10 = 10

❾ 11-10 = 1　　❿ 17-10 = 7

⓫ 12-2 = 10　　⓬ 16-6 = 10

⓭ 19-9 = 10　　⓮ 14-4 = 10

―21―

（コグトレ）
▶ あんごうカードを 見て, □に 入る ひらがなを かきましょう。

❶ 10+2 = **し**　　❷ 10+9 = **て**

❸ 10+4 = **せ**　　❹ 10+6 = **た**

❺ 3+10 = **す**　　❻ 7+10 = **ち**

❼ 15-10 = **お**　　❽ 18-10 = **く**

❾ 12-10 = **い**　　❿ 16-10 = **か**

⓫ 15-5 = **こ**　　⓬ 11-1 = **こ**

⓭ 17-7 = **こ**　　⓮ 13-3 = **こ**

┌─────────── あんごうカード ───────────┐
│ 1：あ　2：い　3：う　4：え　5：お │
│ 6：か　7：き　8：く　9：け　10：こ │
│ 11：さ 12：し 13：す 14：せ 15：そ │
│ 16：た 17：ち 18：つ 19：て 20：と │
└───────────────────────────────┘

―22―

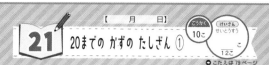

21 20までの かずの たしざん ①

【 月 日】

ごうかく 10こ

けいさん せいとうすう
□/12こ

● こたえは 79 ページ

1 けいさんを しましょう。

❶ 12+2 = 14

10と いくつに
わけ 7から
たして みよう。

❷ 11+2 = 13

❸ 13+6 = 19   ❹ 14+4 = 18

❺ 11+8 = 19   ❻ 15+3 = 18

❼ 14+2 = 16   ❽ 17+1 = 18

❾ 12+7 = 19   ❿ 16+2 = 18

⓫ 12+3 = 15   ⓬ 11+6 = 17

－23－

---

22 20までの かずの たしざん ②

【 月 日】

ごうかく 10こ

コグトレ せいとうすう
□/12こ

● こたえは 79 ページ

コグトレ

▶ あんごうカードを 見て,( )に あてはまる ひらがな
を かきましょう。

あんごうカード

あ	5+12	い	1+13	う	5+14
え	3+15	お	2+14	か	2+13
き	7+11	く	1+17	け	6+13
こ	4+12	さ	1+14	し	1+16

かいとうらん

14 (い)

15 (か)(さ)

16 (お)(こ)

17 (あ)(し)

18 (え)(き)(く)

19 (う)(け)

－24－

---

23 20までの かずの ひきざん ①

【 月 日】

ごうかく 10こ

けいさん せいとうすう
□/12こ

● こたえは 79 ページ

1 けいさんを しましょう。

❶ 15−3 = 12   ❷ 12−1 = 11

❸ 18−4 = 14   ❹ 17−6 = 11

❺ 19−2 = 17   ❻ 13−2 = 11

❼ 15−1 = 14   ❽ 14−3 = 11

❾ 16−5 = 11   ❿ 19−7 = 12

⓫ 18−3 = 15   ⓬ 17−1 = 16

－25－

---

24 20までの かずの ひきざん ②

【 月 日】

ごうかく 10こ

コグトレ せいとうすう
□/12こ

● こたえは 79 ページ

コグトレ

▶ あんごうカードを 見て,( )に あてはまる ひらがな
を かきましょう。

あんごうカード

あ	16−3	い	19−8	う	16−2
え	18−4	お	14−2	か	18−6
き	17−4	く	14−3	け	17−5
こ	13−1	さ	15−2	し	12−1

かいとうらん

11 (い)(く)(し)

12 (お)(か)(け)(こ)

13 (あ)(き)(さ)

14 (う)(え)

－26－

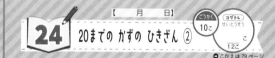

1 けいさんを しましょう。

❶ $15+3=18$ ❷ $14-10=4$

❸ $17-5=12$ ❹ $2+13=15$

❺ $10+8=18$ ❻ $16-6=10$

❼ $13-2=11$ ❽ $14+3=17$

❾ $18-4=14$ ❿ $7+10=17$

⓫ $15-1=14$ ⓬ $12+5=17$

－27－

1 けいさんを しましょう。

❶ $11+6=17$ ❷ $14-3=11$

❸ $15-10=5$ ❹ $9+10=19$

❺ $17-6=11$ ❻ $16+2=18$

❼ $13+5=18$ ❽ $14+1=15$

❾ $19-6=13$ ❿ $18-5=13$

⓫ $14-4=10$ ⓬ $12+1=13$

－28－

1 けいさんを しましょう。

❶ $1+5+3=9$ 左から けいさんしましょう。

❷ $1+2+7=10$

❸ $2+1+1=4$ ❹ $1+1+5=7$

❺ $2+6+2=10$ ❻ $2+3+4=9$

❼ $1+1+6=8$ ❽ $1+2+2=5$

❾ $5+2+2=9$ ❿ $4+1+5=10$

⓫ $1+2+3=6$ ⓬ $2+1+5=8$

⓭ $2+3+5=10$ ⓮ $3+3+1=7$

－29－

（コグトレ）

▶ たして 10に なるように たて・よこの 3つの かずを さがして ⬭で かこみましょう。

（れい）

❶   ❷

▶ たして 9に なるように たて・よこの 3つの かずを さがして ⬭で かこみましょう。

❶   ❷   ❸

▶ たして 8に なるように たて・よこの 3つの かずを さがして ⬭で かこみましょう。

❶   ❷   ❸

－30－

1 けいさんを しましょう。

❶ 4+2+1＝7　　❷ 2+2+5＝9

❸ 1+3+6＝10　　❹ 3+2+1＝6

❺ 9+1+1＝11　　❻ 5+5+1＝11

❼ 6+2+1＝9　　❽ 4+5+1＝10

❾ 3+7+1＝11　　❿ 6+4+3＝13

⓫ 1+4+1＝6　　⓬ 3+5+1＝9

⓭ 8+2+2＝12　　⓮ 4+6+5＝15

－31－

コグトレ

▶ たして 12に なるように たて・よこの 3つの かずを さがして ◯ で かこみましょう。

▶ たして 14に なるように たて・よこの 3つの かずを さがして ◯ で かこみましょう。

▶ たして 16に なるように たて・よこの 3つの かずを さがして ◯ で かこみましょう。

－32－

1 けいさんを しましょう。

❶ 10−1−8＝1　　❷ 6−3−1＝2

❸ 9−3−1＝5　　❹ 10−2−1＝7

❺ 9−2−5＝2　　❻ 4−2−1＝1

❼ 6−1−2＝3　　❽ 10−5−3＝2

❾ 7−1−5＝1　　❿ 10−2−4＝4

⓫ 9−3−2＝4　　⓬ 8−1−4＝3

⓭ 8−1−1＝6　　⓮ 9−4−4＝1

－33－

コグトレ

▶ けいさんの しきが 正しく なる かずを の 中から えらんで ◯ で かこみましょう。

❶  − 3 − 1 ＝ 4

❷ − 3 − 4 ＝ 2

❸ 8 − − 1 ＝ 4

❹ 9 − − 3 ＝ 4

❺ 7 − 2 − ＝ 3

❻ 10 − 2 − ＝ 6

－34－

－81－

1 けいさんを しましょう。

❶ 8−5−1＝2　　❷ 10−3−3＝4

❸ 12−2−3＝7　　❹ 15−5−1＝9

❺ 10−2−6＝2　　❻ 7−2−2＝3

❼ 13−3−1＝9　　❽ 14−4−5＝5

❾ 6−3−2＝1　　❿ 10−5−1＝4

⓫ 17−7−2＝8　　⓬ 11−1−6＝4

⓭ 10−5−4＝1　　⓮ 10−1−6＝3

−35−

コグトレ ・・・・・・・・・・・・・・・・・・・・・・

▶ けいさんの しきが 正しく なる かずを ┌┄┐の 中から
えらんで ○で かこみましょう。

❶ −2−4＝3

❷ 16−−3＝7

❸ 17−−3＝4

❹ 10−3−＝1

❺  −5−　＝8

−36−

1 □に かずを かきましょう。

❶ 10と 6で 16

❷ 5と 10で 15

❸ 14は 10 と 4

2 けいさんを しましょう。

❶ 10+7＝17　　❷ 10+3＝13

❸ 2+10＝12　　❹ 8+10＝18

❺ 14−10＝4　　❻ 19−10＝9

❼ 18−8＝10　　❽ 20−10＝10

−37−

1 けいさんを しましょう。

❶ 15+4＝19　　❷ 11+7＝18

❸ 2+2+1＝5　　❹ 1+3+4＝8

❺ 6+4+2＝12　　❻ 3+7+2＝12

❼ 17−5＝12　　❽ 19−6＝13

❾ 7−2−1＝4　　❿ 10−3−1＝6

⓫ 12−2−1＝9　　⓬ 15−5−1＝9

⓭ 11−1−7＝3　　⓮ 14−10−2＝2

−38−

37 3つの かずの けいさん ①

こうかく 12こ
けいさん せいとうすう □/14こ こ
○こたえは 83 ページ

1 けいさんを しましょう。

❶ 2+8−9 = 1　　❷ 5−2+4 = 7

❸ 4+5−6 = 3　　❹ 10+6−2 = 14

❺ 2+7−4 = 5　　❻ 7−1+2 = 8

❼ 1+9−3 = 7　　❽ 4−3+1 = 2

❾ 10+4−3 = 11　　❿ 8−5+3 = 6

⓫ 3+4−2 = 5　　⓬ 9−7+2 = 4

⓭ 2+6−5 = 3　　⓮ 5−2+1 = 4

−39−

38 3つの かずの けいさん ②

こうかく 4こ
コグトレ せいとうすう □/5こ こ
○こたえは 83 ページ

（コグトレ）
▶ けいさんの しきが 正しく なる かずを □の 中から えらんで ○で かこみましょう。

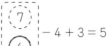

❶ ⑦ 6 − 4 + 3 = 5　　❷ ⑧ ⑩ + 2 − 1 = 9

❸ 4 + ⑤ ④ − 7 = 1　　❹ 8 − ④ ⑥ + 5 = 7

❺ ⑧ ⑦ + 2 − ④ ⑤ = 4

−40−

39 3つの かずの けいさん ③

こうかく 12こ
けいさん せいとうすう □/14こ こ
○こたえは 83 ページ

1 けいさんを しましょう。

❶ 3+7−4 = 6　　❷ 8−7+1 = 2

❸ 12+4−1 = 15　　❹ 15−5+6 = 16

❺ 9+1−6 = 4　　❻ 7−2+1 = 6

❼ 13+6−4 = 15　　❽ 5−3+1 = 3

❾ 4+4−1 = 7　　❿ 16−6+2 = 12

⓫ 14+2−6 = 10　　⓬ 6−1+4 = 9

⓭ 3+5−7 = 1　　⓮ 12−2+5 = 15

−41−

40 3つの かずの けいさん ④

こうかく 4こ
コグトレ せいとうすう □/5こ こ
○こたえは 83 ページ

（コグトレ）
▶ けいさんの しきが 正しく なる かずを □の 中から えらんで ○で かこみましょう。

❶ ⑬ ⑭ + 5 − 8 = 10　　❷ 14 + ① ③ − 5 = 10

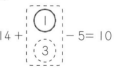

❸ 18 − ⑦ ⑧ + 6 = 16　　❹ 7 − 5 + ② ④ = 6

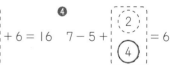

❺ ⑦ ⑧ + 2 − ⑤ ③ = 6

−42−

−83−

41 まとめテスト ⑨

【　月　日】　ごうかく 12こ　けいさん せいとうすう ／14こ こ
○こたえは84ページ

1 けいさんを　しましょう。

❶ 1+9−8 = 2　　❷ 11−1+6 = 16

❸ 4+6−5 = 5　　❹ 3−2+4 = 5

❺ 7+1−4 = 4　　❻ 19−9+6 = 16

❼ 14+3−4 = 13　　❽ 6−3+1 = 4

❾ 12+7−9 = 10　　❿ 8−7+2 = 3

⓫ 11+6−5 = 12　　⓬ 14−4+3 = 13

⓭ 4+6−1 = 9　　⓮ 10−9+5 = 6

—43—

42 まとめテスト ⑩

【　月　日】　ごうかく 12こ　けいさん せいとうすう ／14こ こ
○こたえは84ページ

1 けいさんを　しましょう。

❶ 2+8−7 = 3　　❷ 6−3+4 = 7

❸ 7+3−6 = 4　　❹ 10+5−3 = 12

❺ 1+8−3 = 6　　❻ 18−8+2 = 12

❼ 5+3−1 = 7　　❽ 8−7+5 = 6

❾ 10+6−4 = 12　　❿ 7−5+3 = 5

⓫ 6+1−2 = 5　　⓬ 13−3+2 = 12

⓭ 12+5−7 = 10　　⓮ 8−6+7 = 9

—44—

43 たしざん ④

【　月　日】　ごうかく 10こ　けいさん せいとうすう ／12こ こ
○こたえは84ページ

1 けいさんを　しましょう。

❶ 2+9 = 11

くり上がりが あるよ。

❷ 6+8 = 14

❸ 6+6 = 12　　❹ 9+7 = 16

❺ 7+8 = 15　　❻ 8+3 = 11

❼ 3+9 = 12　　❽ 4+9 = 13

❾ 7+6 = 13　　❿ 9+9 = 18

⓫ 5+6 = 11　　⓬ 7+7 = 14

—45—

44 たしざん ⑤

【　月　日】　ごうかく 10こ　けいさん せいとうすう ／12こ こ
○こたえは84ページ

1 けいさんを　しましょう。

❶ 5+9 = 14　　❷ 5+7 = 12

❸ 3+8 = 11　　❹ 9+8 = 17

❺ 9+2 = 11　　❻ 4+7 = 11

❼ 9+3 = 12　　❽ 6+9 = 15

❾ 7+9 = 16　　❿ 4+8 = 12

⓫ 5+8 = 13　　⓬ 8+6 = 14

—46—

コグトレ
▶ あんごうカードを 見て,（　　　）に あてはまる ひらがな を かきましょう。

あんごうカード

あ	7+4	い	9+6	う	8+7
え	9+5	お	6+5	か	8+4
き	9+4	く	8+8	け	8+5
こ	8+9	さ	7+5	し	6+7

かいとうらん

11（ あ ）（ お ）
12（ か ）（ さ ）
13（ き ）（ け ）（ し ）
14（ え ）
15（ い ）（ う ）
16（ く ）
17（ こ ）

―47―

1 けいさんを しましょう。

❶ 18−9 ＝ 9

くり下がりが あるよ。

❷ 11−5 ＝ 6

❸ 16−8 ＝ 8 　　❹ 12−8 ＝ 4

❺ 11−6 ＝ 5 　　❻ 11−2 ＝ 9

❼ 14−6 ＝ 8 　　❽ 13−6 ＝ 7

❾ 14−7 ＝ 7 　　❿ 11−9 ＝ 2

⓫ 13−4 ＝ 9 　　⓬ 13−7 ＝ 6

―48―

1 けいさんを しましょう。

❶ 15−9 ＝ 6 　　❷ 12−4 ＝ 8

❸ 14−5 ＝ 9 　　❹ 13−8 ＝ 5

❺ 12−3 ＝ 9 　　❻ 16−9 ＝ 7

❼ 15−7 ＝ 8 　　❽ 12−7 ＝ 5

❾ 13−9 ＝ 4 　　❿ 17−8 ＝ 9

⓫ 11−4 ＝ 7 　　⓬ 12−6 ＝ 6

―49―

コグトレ
▶ あんごうカードを 見て,（　　　）に あてはまる ひらがな を かきましょう。

あんごうカード

あ	14−9	い	12−5	う	11−8
え	16−7	お	11−3	か	14−8
き	12−9	く	17−9	け	11−7
こ	15−8	さ	15−6	し	13−5

かいとうらん

3（ う ）（ き ）
4（ け ）
5（ あ ）
6（ か ）
7（ い ）（ こ ）
8（ お ）（ く ）（ し ）
9（ え ）（ さ ）

―50―

49 0の たしざん

◯ こたえは 86 ページ

1 けいさんを しましょう。

❶ 2+0 = 2
❷ 0+9 = 9

❸ 0+5 = 5
❹ 3+0 = 3

❺ 1+0 = 1
❻ 0+7 = 7

❼ 0+4 = 4
❽ 8+0 = 8

❾ 0+0 = 0
❿ 0+6 = 6

⓫ 9+0 = 9
⓬ 0+2 = 2

⓭ 0+1 = 1
⓮ 5+0 = 5

—51—

50 0の ひきざん

◯ こたえは 86 ページ

1 けいさんを しましょう。

❶ 3−3 = 0
❷ 9−0 = 9

❸ 5−0 = 5
❹ 4−4 = 0

❺ 8−8 = 0
❻ 1−0 = 1

❼ 4−0 = 4
❽ 7−7 = 0

❾ 6−6 = 0
❿ 0−0 = 0

⓫ 2−0 = 2
⓬ 9−9 = 0

⓭ 1−1 = 0
⓮ 8−0 = 8

—52—

51 まとめテスト ⑪

◯ こたえは 86 ページ

1 けいさんを しましょう。

❶ 5+7 = 12
❷ 7+8 = 15

❸ 9+3 = 12
❹ 8+4 = 12

❺ 4+7 = 11
❻ 6+6 = 12

❼ 5+9 = 14
❽ 3+8 = 11

❾ 7+7 = 14
❿ 9+6 = 15

⓫ 2+9 = 11
⓬ 4+9 = 13

⓭ 6+0 = 6
⓮ 0+8 = 8

—53—

52 まとめテスト ⑫

◯ こたえは 86 ページ

1 けいさんを しましょう。

❶ 12−9 = 3
❷ 13−4 = 9

❸ 11−6 = 5
❹ 15−7 = 8

❺ 14−7 = 7
❻ 12−6 = 6

❼ 17−9 = 8
❽ 14−8 = 6

❾ 15−6 = 9
❿ 12−5 = 7

⓫ 13−8 = 5
⓬ 18−9 = 9

⓭ 5−5 = 0
⓮ 6−0 = 6

—54—

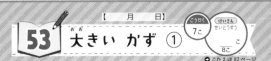

53 大きい かず ①

○ こたえは 87 ページ

1 □に かずを かきましょう。

❶ 10が 4こで **40**

❷ 10が 1こと 1が 7こで **17**

❸ 10が 7こと 1が 1こで **71**

❹ 10が 6こで **60**

❺ 10が 9こと 1が 4こで **94**

❻ 10が 5こと 1が 6こで **56**

❼ 10が 8こと 1が 8こで **88**

❽ 10が 10こで **100**

—55—

54 大きい かず ②

○ こたえは 87 ページ

(コグトレ)
▶ りんご🍎と バナナ🍌 とすいか🍉の かずを それぞれ
かぞえましょう。

りんご（**64**） バナナ（**57**） すいか（**40**）

—56—

55 大きい かず ③

○ こたえは 87 ページ

1 □に かずを かきましょう。

❶ 47は, 10が **4** こと 1が
7 こ

❷ 75は, 10が **7** こと 1が
5 こ

❸ 32は, 10が **3** こと 1が
2 こ

❹ 69の 十のくらいの すう字は **6** ,
一のくらいの すう字は **9**

❺ 28の 十のくらいの すう字は **2** ,
一のくらいの すう字は **8**

—57—

56 大きい かず ④

○ こたえは 87 ページ

(コグトレ)
▶ 下の あんごうカードを つかって ひらがなの くみあわせ
を かきましょう。(ヒント 25だと 「うか」)

❶ 29より 1 大きい かずは **えあ**

❷ 80より 1 小さい かずは **くこ**

❸ 49より 1 大きい かずは **かあ**

❹ 20より 1 小さい かずは **いこ**

❺ 40と 30で **くあ**

❻ 100は 40と **きあ**

❼ 105より 4 大きい かずは **いあこ**

❽ 120より 3 小さい かずは **いいく**

あんごうカード
| 0:あ 1:い 2:う 3:え 4:お |
| 5:か 6:き 7:く 8:け 9:こ |

—58—

57 大きい かずの けいさん ①

【　月　日】 ごうかく 10こ　けいさん せいとうすう　こ／12こ

こたえは 88 ページ

1 けいさんを　しましょう。

❶ 30+20＝50　❷ 40+30＝70

❸ 10+50＝60　❹ 60+30＝90

❺ 20+70＝90　❻ 50+50＝100

❼ 40−10＝30　❽ 70−50＝20

❾ 60−20＝40　❿ 90−80＝10

⓫ 50−30＝20　⓬ 100−40＝60

−59−

58 大きい かずの けいさん ②

【　月　日】 ごうかく 10こ　コグトレ せいとうすう　こ／12こ

こたえは 88 ページ

コグトレ

▶ 下の　あんごうカードを　つかって　ひらがなの　くみあわせを　かきましょう。（ヒント　25 だと 「うか」）

❶ 40+3 ＝ おえ　❷ 8+60 ＝ きけ

❸ 5+32 ＝ えく　❹ 51+6 ＝ かく

❺ 72+4 ＝ くき　❻ 63+2 ＝ きか

❼ 6+23 ＝ うこ　❽ 1+86 ＝ けく

❾ 3+33 ＝ えき　❿ 72+7 ＝ くこ

⓫ 50+2 ＝ かう　⓬ 5+94 ＝ ここ

あんごうカード

0：あ　1：い　2：う　3：え　4：お

5：か　6：き　7：く　8：け　9：こ

−60−

59 大きい かずの けいさん ③

【　月　日】 ごうかく 10こ　けいさん せいとうすう　こ／12こ

こたえは 88 ページ

1 けいさんを　しましょう。

❶ 38−8＝30　❷ 29−9＝20

❸ 54−3＝51　❹ 95−4＝91

❺ 76−2＝74　❻ 48−6＝42

❼ 35−1＝34　❽ 63−3＝60

❾ 29−5＝24　❿ 88−7＝81

⓫ 98−3＝95　⓬ 67−7＝60

−61−

60 大きい かずの けいさん ④

【　月　日】 ごうかく 10こ　コグトレ せいとうすう　こ／12こ

こたえは 88 ページ

コグトレ

▶ 下の　あんごうカードを　つかって　ひらがなの　くみあわせを　かきましょう。（ヒント　25 だと 「うか」）

❶ 49−6 ＝ おえ　❷ 69−2 ＝ きく

❸ 77−4 ＝ くえ　❹ 25−5 ＝ うあ

❺ 36−5 ＝ えい　❻ 44−3 ＝ おい

❼ 99−9 ＝ こあ　❽ 68−6 ＝ きう

❾ 45−3 ＝ おう　❿ 58−7 ＝ かい

⓫ 76−5 ＝ くい　⓬ 64−1 ＝ きえ

あんごうカード

0：あ　1：い　2：う　3：え　4：お

5：か　6：き　7：く　8：け　9：こ

−62−

61 まとめテスト ⑬

【 月 日】

ごうかく 7こ / けいさん せいとうすう ◯/8こ こ

◯ こたえは 89 ページ

1 □に かずを かきましょう。

❶ 10 が 4 こと 1 が 3 こで ｜43｜

❷ 十の くらいが 5, 一の くらいが 7 の かずは ｜57｜

❸ 83 は, 10 が ｜8｜ こと 1 が ｜3｜ こ

❹ 79 より 1 大きい かずは ｜80｜

❺ 115 より 5 小さい かずは ｜110｜

❻ 30 と 70 で ｜100｜

❼ 90 は 50 と ｜40｜

-63-

62 まとめテスト ⑭

【 月 日】

ごうかく 10こ / けいさん せいとうすう ◯/12こ こ

◯ こたえは 89 ページ

1 けいさんを しましょう。

❶ 40+40＝80   ❷ 20+80＝100

❸ 70+5＝75   ❹ 30+9＝39

❺ 53+6＝59   ❻ 61+7＝68

❼ 80-60＝20   ❽ 100-80＝20

❾ 47-7＝40   ❿ 35-5＝30

⓫ 98-4＝94   ⓬ 67-6＝61

-64-

63 □の ある けいさん ①

【 月 日】

ごうかく 8こ / けいさん せいとうすう ◯/10こ こ

◯ こたえは 89 ページ

1 □に あてはまる かずを こたえましょう。

❶ 5+□=8 3   ❷ □+4=7 3

❸ 3+□=9 6   ❹ □+1=5 4

❺ □+2=15 13   ❻ □+4=16 12

❼ 4+□=18 14   ❽ 9+□=10 1

9と あと いくつで 10 かな。

❾ □+2=13 11   ❿ 5+□=19 14

-65-

64 たしざん ⑦

【 月 日】

ごうかく 5こ / コグトレ せいとうすう ◯/6こ こ

◯ こたえは 89 ページ

コグトレ

▶ てんせん(──)で つながれた たて・よこ・ななめの となりあった 2つの かずを たすと 11に なる ものが 2つ あります。それらを さがして ◯で かこみましょう。

❶ (8) 2 3
  ✕ ✕ ✕
  4 5 9
  ✕ ✕ ✕
 (6 5) 5

❷ 3 4 8
  ✕ ✕ ✕
 (7) 1 5
  ✕ ✕ ✕
  1 (9 2)

❸ 2 (7 8)
  ✕ ✕ ✕
  2 (3) 4
  ✕ ✕ ✕
  5 1 6

▶ てんせん(──)で つながれた たて・よこ・ななめの となりあった 2つの かずを たすと 12に なる ものが 2つ あります。それらを さがして ◯で かこみましょう。

❶ 5 8 3
  ✕ ✕ ✕
 (5) 6 5
  ✕ ✕ ✕
 (7) 9 6

❷ 3 (5) 8
  ✕ ✕ ✕
 (7) 3 6
  ✕ ✕ ✕
  8 (6) 5

❸ 7 4 9
  ✕ ✕ ✕
  3 (4) 2
  ✕ ✕ ✕
  8 (8) 5

-66-

-89-

65 □の ある けいさん ②

【　月　日】

どうかく 9こ　けいさん せいとうすう 10こ こ

❏こたえは 90 ページ

1 □に あてはまる かずを こたえましょう。

❶ □+20=80　60　❷ 30+□=70　40

❸ 7+□=39　32　❹ □+6=78　72

❺ □+4=95　91　❻ □+1=34　33

❼ 80+□=100　20　❽ 6+□=69　63

❾ □+5=58　53　❿ 3+□=48　45

—67—

66 □の ある けいさん ③

【　月　日】

どうかく 9こ　けいさん せいとうすう 10こ こ

❏こたえは 90 ページ

1 □に あてはまる かずを こたえましょう。

❶ □−4=3　7　❷ 7−□=1　6

❸ □−5=4　9　❹ 6−□=2　4

❺ □−2=8　10　❻ 16−□=10　6

❼ □−5=13　18　❽ 19−□=9　10

❾ 10−□=5　5　❿ □−7=10　17

—68—

67 ひきざん ⑦

【　月　日】

どうかく 7こ　コグトレ せいとうすう 9こ こ

❏こたえは 90 ページ

コグトレ

▶ たて・よこ・ななめの 2つの かずの ひきざんの こたえが 8に なる ものを さがして ◯で かこみましょう。

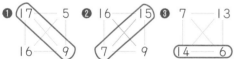

❶ 17　5　❷ 16　15　❸ 7　13
　　16　9　　　7　9　　　14　6

▶ たて・よこ・ななめの 2つの かずの ひきざんの こたえが 9に なる ものを さがして ◯で かこみましょう。

❶ 15　6　❷ 4　5　❸ 10　11
　　16　8　　3　12　　1　3

▶ たて・よこ・ななめの 2つの かずの ひきざんの こたえが 7に なる ものを さがして ◯で かこみましょう。

❶ 19　13　❷ 12　6　❸ 9　2
　　6　8　　5　11　　10　1

—69—

68 □の ある けいさん ④

【　月　日】

どうかく 9こ　けいさん せいとうすう 10こ こ

❏こたえは 90 ページ

1 □に あてはまる かずを こたえましょう。

❶ □−6=81　87　❷ 100−□=50　50

❸ □−5=40　45　❹ 70−□=60　10

❺ 90−□=30　60　❻ □−3=36　39

❼ □−7=61　68　❽ 50−□=10　40

❾ □−2=95　97　❿ 40−□=20　20

—70—

—90—

1 ▢に あてはまる かずを こたえましょう。

❶ 14−▢=10 4   ❷ 4+▢=27 23

❸ ▢+7=79 72   ❹ ▢−2=52 54

❺ 60−▢=20 40   ❻ 5+▢=13 8

❼ ▢+0=70 70   ❽ ▢−5=41 46

❾ 11−▢=7 4   ❿ ▢+6=59 53

−71−

1 下の れいと おなじように，▢に かず を かきましょう。

(れい)

❶

❷

❸

きまりを 見つけよう。

−72−

−91−

がくしゅうのきろく

たんげんばんごう	べんきょうした日	けいさんせいとうすう	コグトレせいとうすう
1	月／日	ごうかく 2こ	ごうかく 1こ
2	月／日	ごうかく 2こ	ごうかく 1こ
3	月／日	ごうかく 3こ	ごうかく 3こ
4	月／日	ごうかく 1こ	ごうかく 4こ
5	月／日	ごうかく 3こ	ごうかく 3こ
6	月／日	ごうかく 3こ	ごうかく 5こ
7	月／日	ごうかく 4こ	
8	月／日	ごうかく 5こ	
9	月／日	ごうかく 12こ	
10	月／日	ごうかく 12こ	
11	月／日		ごうかく 12こ
12	月／日	ごうかく 12こ	
13	月／日		ごうかく 7こ
14	月／日		ごうかく 12こ
15	月／日	ごうかく 12こ	
16	月／日	ごうかく 12こ	
17	月／日	ごうかく 6こ	
18	月／日		ごうかく 6こ
19	月／日	ごうかく 12こ	
20	月／日		ごうかく 12こ
21	月／日	ごうかく 10こ	
22	月／日		ごうかく 10こ
23	月／日	ごうかく 10こ	
24	月／日		ごうかく 10こ

たんげんばんごう	べんきょうした日	けいさんせいとうすう	コグトレせいとうすう
25	月／日	ごうかく 10こ	
26	月／日	ごうかく 10こ	
27	月／日	ごうかく 12こ	
28	月／日		ごうかく 7こ
29	月／日	ごうかく 12こ	
30	月／日		ごうかく 7こ
31	月／日	ごうかく 12こ	
32	月／日		ごうかく 4こ
33	月／日	ごうかく 12こ	
34	月／日		ごうかく 4こ
35	月／日	ごうかく 9こ	
36	月／日	ごうかく 12こ	
37	月／日	ごうかく 12こ	
38	月／日		ごうかく 4こ
39	月／日	ごうかく 12こ	
40	月／日		ごうかく 4こ
41	月／日	ごうかく 12こ	
42	月／日	ごうかく 12こ	
43	月／日	ごうかく 10こ	
44	月／日	ごうかく 10こ	
45	月／日		ごうかく 10こ
46	月／日	ごうかく 10こ	
47	月／日	ごうかく 10こ	
48	月／日		ごうかく 10こ

たんげんばんごう	べんきょうした日	けいさんせいとうすう	コグトレせいとうすう
49	月／日	ごうかく 12こ	
50	月／日	ごうかく 12こ	
51	月／日	ごうかく 12こ	
52	月／日	ごうかく 12こ	
53	月／日	ごうかく 7こ	
54	月／日		ごうかく 2こ
55	月／日	ごうかく 9こ	
56	月／日		ごうかく 7こ
57	月／日	ごうかく 10こ	
58	月／日		ごうかく 10こ
59	月／日	ごうかく 10こ	
60	月／日		ごうかく 10こ
61	月／日	ごうかく 7こ	
62	月／日	ごうかく 10こ	
63	月／日	ごうかく 8こ	
64	月／日		ごうかく 5こ
65	月／日	ごうかく 9こ	
66	月／日	ごうかく 9こ	
67	月／日		ごうかく 7こ
68	月／日	ごうかく 9こ	
69	月／日	ごうかく 9こ	
70	月／日	ごうかく 2こ	